衣食住行省钱宝典

向日葵 主编

农村读物出版社

图书在版编目（CIP）数据

衣食住行省钱宝典 / 向日葵主编. — 北京：农村读物出版社，2011.7
（小日子）
ISBN 978-7-5048-5479-7

Ⅰ. ①衣… Ⅱ. ①向… Ⅲ. ①家庭管理：财务管理 Ⅳ. ①TS976.15

中国版本图书馆CIP数据核字（2011）第102488号

策划编辑 黄 曦
责任编辑 黄 曦
设计制作 北京朗威图书设计
出　　版 农村读物出版社（北京市朝阳区麦子店街18号 100125）
发　　行 新华书店北京发行所
印　　刷 北京三益印刷有限公司
开　　本 787mm×1092mm 1/24
印　　张 5
字　　数 120千
版　　次 2011年8月第1版 2011年8月北京第1次印刷
定　　价 26.00元

前言

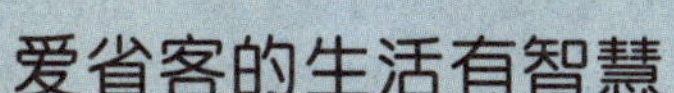

爱省客的生活有智慧

有个身材并不臃肿，但却痴迷于减肥的朋友对我说过：减肥是一种生活态度。细想想，还真是。减肥，对于她来说，是一种对自己身材的局外审视，是一种精益求精的价值观。所以，这么多年，她并没有惊天动地式的减肥，但却时刻保持着自己的最佳体形。

这说的是减肥，其他事情亦如此。

比如说，省钱。

省钱并不是抠门，绝对不是葛朗台和泼留希金式的吝啬把戏。省钱是种生活境界。省的不是必须花的那部分，而是不该花，动动心思就可避免花费的不必要开支。

关键就在动动心思上。

日子有漫不经心和用心两种过法。漫不经心，就会不计成本，走一步是一步，今朝有酒今朝醉，明朝没酒了，那就明朝

再说吧。可生活并不是浪漫童话，船到桥头自然直，柳暗花明又一村，那只是童话。不想让自己陷入绝境，生活，那还得用心过！

用心，那就从每一天的生活成本计算起吧。在把钱花出去之前，好好算计下，是否能有更好的花钱方案。在自己的购买欲望无休止地膨胀前，是否可说服自己，取消完全没有必要的订单？

学会省钱，就能用更少的钱去干更有意义的事，对于这点，我想任何人都不会拒绝。

做个有智慧的“爱省客”，省下的是钱，获得的是幸福的满足感。

向日葵

contents
目录

宝典1 爱省客智慧购衣

宝典2 爱省客智慧饮食

宝典 3 爱省客智慧居家

宝典 4 爱省客智慧出行

不爱打扮的女人，就如大熊猫一样稀少。女人们大多都很舍得花钱打扮自己，衣柜被五花八门的各色衣服堆满了，但还是觉得少一件。一到早上就发愁，该穿哪件呢？

省钱，如果省掉的是女人打扮自己的那份极致享受，那就是失败。聪明的爱省客，衣服照买，只不过，每花的一分钱都会精打细算，该花的不少花，不该花的一分都不花。

套用流行的句型：姐计较的不是钱，是花钱的智慧。

宝典1

爱省客智慧

购衣

1 整理女人衣橱确定服饰的基本款

购衣费，对于女人来说，绝对是笔大开支。但是否我们真需要花那么多钱买那么多衣服呢？未必。

总说女人永远都会缺一件衣服，但实际上，这缺还不是真缺，这衣服对于女人来说往往不是雪中送炭，而是锦上添花。说不清楚女人是享受买的过程，还是穿的结果。

这种欲望，其实是一种搭配焦虑症。

为何会有这样的焦虑呢？是对自己的穿衣风格不熟悉、定位模糊，还是不满意自己现在的形象？也许以上的原因都有，要改变这一切其实并不难。

先来做个功课。整理下衣厨，确定服饰的基本款。

什么是服装的基本款，所谓的基本款其实就是服装中的“万金油”。基本款都是经典款式，它们的经典之处在于易搭性。由于通搭，它们的出镜率都很高，和很多风格及场合搭配。拥有这些款式的服饰，就可以应付很多场合的搭配。

「白衬衣、黑衬衣」

黑色和白色是时尚界最经典的两种颜色了。而衬衣，又是服饰中最基础的款式。两者结合，成就了经典的经典。所以，如果你要买衬衣，这两色的衬衣不可缺少。质地上，可选择棉质、雪纺的面料。

白衬衣长款

爱省客购衣单

白衬衣：长款1件、短款2件。

黑衬衣：长款1件、短款2件。

黑衬衣长款

「铅笔裤」

越繁琐，越潮流的服饰，流行的寿命越短。所以，作为基本款，应该保持一种设计简洁的兼容的姿态。铅笔裤，几乎可算是小西装的绝佳伴侣，搭配长款的娃娃装，那也是很出彩的。铅笔裤，真可算是亦庄亦谐的一件单品了。

「小黑裙」

每个女人都应该有1条以上的小黑裙。优雅和内敛的造型风格让你自信应付职场和盛会。

小黑裙：收身款1条、花苞款1条。

「铅笔裙」

灰色裙

黑色裙

如果你要参加一个正式会议，不知道穿什么合适，那就衬衫+铅笔裙吧，这绝对是个不会出错的搭配方案。

爱省客购衣单

铅笔裙：黑色1条、灰色1条。

「牛仔裤」

随便打开一个女孩的衣橱，没有牛仔裤那是不可想象的。没有哪一种服饰能像牛仔裤这样男女通杀，老少咸宜。休闲时可穿，上班时也可穿。可搭性超强。

感谢发明牛仔裤的好人。

「针织开衫」

要评选最有女人味的服饰，针织衫一定会当选。贴身柔软，妩媚温婉。如果觉得自己平时显得不够温柔，那么，针织开衫刚好可柔化女人强势的棱角，还女人以温情细致。

爱省客购衣单

针织衫：薄款1~2件、厚款1件。

「长风衣」

长风衣，在秋风乍起的时候，让游走于职场和家庭的我们得到温暖和保护。很好地调节了室内和室外的温差。风衣内，我们依旧可以美丽动人，妖娆多姿。

「素色T恤」

我们都需要打底衫，作为最底层的那件衣服，衬托外套和马甲，素色T恤能很好担当这个责任。

「抹胸或吊带衫」

无论是小西装还是针织衫，都需要里面有件内搭。如果想刻意表现美肩，那抹胸是最能彰显这优点的小单品了。如果中庸一点，也可以选择各色的吊带衫，它们就更有兼容性了。抹胸和吊带衫都是不可缺的内搭单品。

2 学会永远不过时的经典搭配

流行让人不断追逐，经常是追得上气不接下气，还不一定能追上，结果是疲惫劳心还费钱。那么，能不能不追了，就安守经典？

其实这也是一招，以不变应万变。就像《穿普拉达的女魔头》的原型，《Vogue》杂志美国版主编安娜·温图尔（Anna Wintour）。这个女人，年已六旬，但头顶BOB几十年不变，连衣裙配开衫也因她几十年如一日的坚持而成为其招牌搭配，但又有谁敢说这个在时尚界屹立不倒的标杆式人物过时了呢？

所谓经典，那都是经得起时间考验的东西，只有精华才能沉淀下来。

让我们来回顾一下那些永远不过时的的经典搭配吧！

「永不出错的经典配色」

1 无色系搭配

——黑、白色、灰

如果你经常关注各大颁奖典礼，你一定会发现这么个规律，为何这种难得的争艳机会，那么多女明星会穿黑或白色的礼服走过红毯；再看男明星，你就更加惊异了，黑灰一片，鲜有大胆的家伙尝试其他颜色。

为什么呀为什么？

原因很简单。当你不确定使用其他颜色能胜出的时候，你就用黑色、白色这两种经典颜色。可能有人批评你不够前卫，不够出位，但永远没人会嘲笑你穿错颜色。

若觉得这么搭配有点沉闷，那就在饰品或鞋子的搭配上下工夫。如果对自己的气质够自信，可一身黑衣，一双红鞋。若觉得太突兀，可把黑衣改为灰衣，效果也很不错。灰的沉静和拘谨，可用正红来调和。

总之，如果搞不清楚花花绿绿的颜色搭配间微妙的比例，就用黑、白、灰这几种无色系的颜色来压阵吧。逐步建立自己的审美方向和色彩体系，不要让衣橱成为色彩王国。选择白、黑色、米色等基础色作为日常着装的主色调，而在饰品上活跃色彩。有助于建立自己的着装风格，给人留下明确的印象。而且由于色彩上不会冲撞，也可以提高衣服间的搭配指数。

小贴士

搭配宜忌：

这几款经典的颜色都不适宜过于繁复的设计。

2 同色系搭配

——粉红＋大红、艳红＋桃红、玫红＋草莓红

将同色系的颜色搭配在一起决不会出错，这类同色系间的变化搭配可穿出色彩的层次感，又不会显得单调乏味，是最简单易行的方法。

3 对比色

——红和绿、蓝和橙、黑和白、紫与黄

对比色是两类拥有完全不同个性的颜色。若有意将对比色搭配在一起，就要注意对比色间的比例变化，选择一种颜色为主色而另一种颜色为副色，很有点睛的效果，能把你的个性大胆展露。

「各场合经典搭配」

场合1 职场

——衬衣+铅笔裙（裤）、连衣裙+针织开衫、小西装系

职场需要简洁端庄的衣着，所以，不要把繁琐、复杂的衣着穿进办公室，那样会葬送你的前途。

衬衣+铅笔裙（裤），无论你是企业高管还是普通文员，这样的打扮绝对不会出错。

小贴士

点睛的包包：

职场打扮要有整体性，包包的选择很重要，款式和颜色以干练、利落为上选，不要尝试可爱型的。

如果你想给同事展示你干练之外的柔和温婉一面，可以尝试下连衣裙+针织开衫的搭配。

小西装系是一种中性的打扮，可帮助你快速脱掉稚嫩，树立你利落的风范。

场合2 约会

——浪漫甜蜜装、纯白系或糖果系

无论你在职场上是个多强硬的大女人，约会时都想变成个小鸟依人的小女人。所以，这个场合，就尽情展示你俏皮可爱或温柔婉约的女人的一面吧。

如果是夏天，没有比花朵派的浪漫裙装更能提升女人味了。如和情人约会，那么花朵派一定能迷住他的眼睛。如果天气有点凉，可在裙子外加一件俏皮的外套。男友最喜欢你的纯洁和天真，那你一定要准备好纯白系的衣服，女人到80岁也是天真的，借着一袭白衣，你就能很好地抓住男友的心。

平时穿惯了高跟鞋？那和姐妹们的逛街之约就应该彻底解放脚丫子，可尝试下板鞋。配上轻松的牛仔裤和T恤。连空气都会变得轻快起来。

另外，短裤和短裙也是要准备几条的，无论是K歌还是聚会，活泼的装扮，都能成为“飓风之眼”，惊艳全场。

场合3 盛会

——小黑裙+点睛饰品、抹胸裙+小披肩

即使你不是一个耀眼的明星，你的一生也会有出席隆重盛会的机会。你不需要大费周折，只需要准备几样质地很好的百搭圣品，就可优雅出席。

小黑裙是每个女人都应该拥有的，越简洁的样式越好搭配，不要担心会过时，只要你在配饰上下足功夫，一条小黑裙，起码可让你风光好几年都不会落伍。

抹胸裙，强调的是性感的锁骨，一条质地精良的抹胸裙绝对值得投资。为了让你的打扮能够紧跟潮流，小披肩的选择就很看功力的，但也给了你无限的搭配空间。

3 哪些购买服饰的习惯是不好的

家里有多少很少穿或压根没穿过的衣服鞋子？它们是如何来到你的柜子里的？回忆一下，是某次年末大甩卖抢购的结果，还是和姐妹淘无目的逛街的产物？不管是哪种情况，这些东西都属于没有计划的临时购买。当时买的时候也许是一时兴起，也许是由于降价的吸引，并非出于自己的迫切需要。

买回来后，才发现这些东西自己其实不太需要或不太适合，就这样，它们成了鸡肋。

爱省客认为，会花钱就是会赚钱，避免下面这些不好的购衣习惯，才能让你的钱包不流不必要的“血”。

「疯狂抢购中把自己“灌醉”」

有人说，女人在恋爱中智商会降低，因为爱情会让人云里雾里，看不清，也没空细想。其实，购物中，女人也会有相同的表现。

一个朋友和我介绍过她参加某卖场年终大甩卖的轰轰烈烈经历。装备：一身在拥挤的人群中不会脱皮脱色的牛仔衣裤，一个肩带长度合适的斜挎大包（颜色为深色，经脏）。体力准备：睡眠充足，精神百倍。到了卖场，就一个“抢”字形容。根本无暇去挑什么样式了，颜色了，号码合适的。抢到的货一律先拿手上。4折呀，3折呀，抢到一件是一件。然后迷迷瞪瞪地去结帐。整个过程，完全像是机械运动。一直要到一个礼拜后，慢慢清点自己的战利品，才发现，其实有很多都是不合适，不需要的东西，但在那样一种亢奋的气氛中，大脑几乎不参与决策，完全像喝醉。

就这样，很多女人就在这样的一次次商家的狂欢中灌醉了自己，牺牲了钱包。

「从众心理驱使的“面子”消费」

相信大家都有和姐妹淘一块儿去逛街的经历。逛之前，大家的购买意向不尽相同，但在逛的过程中，不知不觉，大家的审美观和购买欲望会被严重同化。

如果姐妹中有一个比较有号召力的，那么，她的购物欲望会直接影响到其他人的决定，当买到合她心意的东西，一般都会表达出

自己的欣喜，然后对这件物品大加赞赏，有时还会上升到如果不买就是土鳖或落伍之类的定性高度上去，于是其他姐妹在如此这番的无意“推销”下呈现出从众心理，纷纷淘钱购买，如有某个意志比较坚定的不愿附和，其他人还会自动充当商家的“托”进行劝说，为了面子，再意志坚定也是招架不住的。

「“买椟还珠”式错位消费」

“买椟还珠”的故事大家应该听过，大多数人觉得那人太傻，谁不知道珠比椟值钱呀。可真是自己遇上了，也许也会做出这样的事情。

商场里，大家都见过买一送一的促销手段吧，作为赠品的添头有时还真的很诱人呢。你遇到这种情况是否会动心？买咖啡送杯子、买

杂志送小丝巾、买一套化妆品送一个市面上买不到的化妆包……

有些服饰的销售也会采取这样的方式：买一件正价商品，送一双可爱的袜子、买一双当季的鞋送一双过季的鞋……真说不好，还真的有人会为了得到那件小赠品而花钱买下了本来不需要的那件正价的东西呢。

想做一个聪明、理智的“购物专家”吗，那么，你买衣服时可以根据下面三个标准选择，不符合其中任何一个标准的都不要掏出钱包：你喜欢的、你适合的、你需要的。就是这些。

4 投资一些彰显品位的百搭精致饰品

如果你在街头看到一个浑身都是流行元素的人，这人要么是暴发户，要么是暴发户，要么，还是暴发户。

真正有品味的人，不会让自己成为被流行绑架的衣裳架子。他们一般会更注意那画龙点睛的一两笔。

而能充当这个重任的，就是那些精致的百搭饰品。如果你的经济实力不足以支撑过高的消费，那么，投资一些彰显品位的小饰品，绝对是聪明之举。

「丝巾」

有人觉得，要省钱，就应该彻底和高品质生活说再见。其实不是这样。有些必须的配置还是不能省的。丝巾，是最能显好的饰品，性价比很高。

爱省客特别推荐的是真丝材质的丝巾。传统的装饰部分是颈部。其实，也可有其他的构思，比如，腰间，手腕，或干脆作为发饰。另外，还可以扎在随身带的包包上。丝巾包，那也是很流行的呢。

「项链及耳环」

项链有内敛和张扬的两种风格，每种风格都可准备一些。内敛的，一般形状纤细简洁。白金的材质很合适。不一定足金，K金的也可以，坠子可重点从形状与自己气质的搭配方面来考虑。

如果是张扬的，那就一定要符合当下的流行趋势了。重点不是材质，而是流行元素。

耳环的选择类似项链，也是从风格上来考虑。古典的和现代派的，都可准备一些。具体的，还要根据自己的脸型来选择。

「腰带或腰链」

选择宽的还是窄的？这不是一道单项选择，也就是说，你都可以有。然后，颜色上看，黑的最需要，宽的窄的都准备一条，然后艳色的再准备几条，金属材质的准备一条两条的就可以了。

整体显得沉闷的搭配，只要有腰带，那就有了一个提神之处。它们能改变你的服饰节奏，四两拔千斤。

「发饰」

发带和发箍用在一些正式的场合上特别容易出彩。因为装饰的部位是头部，是人的视线很容易被吸引的地方，真正是“从头赢起”。

另外需要准备的就是配合发髻使用的发叉和发夹发簪。要记得，不要买看上去很劣质的塑料制品，需要从品质上去考虑，比较百搭的经典样式。要不，头上的饰品搭配不得体，那就会毁掉你的一身装扮。

如果发饰出彩，那会提升你整体搭配的品质。

5 网购是门省钱大学问

当电子商务来势汹汹地进入我们的生活，女人们的逛街生涯又开辟了新的形式，那就是——网购。

要说网购的好处，那还真是不少。冬不受严寒，夏不受酷暑，只要你支付了商品或服务的费用，还真是招之即来，挥之即去。非常适合那些需要一心几用的时尚消费群。宅男宅女喜欢，非常忙碌但使用网络很便利的办公室一族喜欢，需要在家带孩子的新爸新妈喜欢。

但方便和省钱是两码事，网购和省钱并不直接挂钩，做个聪明的网购者，说起来，是需要花点心思来研究研究的。

下面这些，可是爱省客的长期研究成果，友情大奉献了。

「不用跑腿，比较、多看才能选出最实惠」

俗话说，货比三家。如果是真让你用腿去逛，三家跑下来，那也是很累的。在网上呢，只是鼠标点一点，就可以实现了。

实体店，因为要支付场地费和看店的人工，所以商品的价格都会比较贵。网店呢，场地费可省，人工常常就是店主自己或请的兼职客服，所以商品的价格肯定便宜很多。如果能找到生产厂家开的网店，那你就赚了，你可以按批发价来买到你心爱的东西。

既然是网购，不用东奔西跑地逛，别怕麻烦，多淘多看，货比三家，肯定能找到最实惠的。

「火眼金睛辨信用，精挑细选找卖家」

网购，别看到低价就心花怒放，要小心骗子卖家。

有几个高招可辨别。那些开店时间短，但成交和信用却高得出奇的，信用大多是刷出来的，不可信。另外，看店主收到的评价。如评价千篇一律都是个“好”字，评价众口一词，那也是假的信用。

真正好信用的卖家，不见得好评率100%，但每一笔交易都是真实有效的，如果看到有中评和差评，也不要急着否定这店家，可好好看一下，差评中评的原因是什么，有时，给差评中评也不是因为商品质量问题，也许是因沟通不畅造成的误会。这样的店家，还是可以信任的。

选出值得信任的好卖家后，可当这个店铺的老主顾，因为一般网店都有专门给老主顾的优惠政策，有时还能享受折上折的超级实惠呢。

「择优选品牌，拒绝低劣品」

如果要在网上购买小家电，一定要睁大眼睛，价格不是唯一决定因素，要选择知名品牌。如果一家网店卖的小家电价格低到不可思议，那一定不是什么好东西，因为网店的优势在于没有实体店的店面、人工成本，但基础的成本是固定的，如果价格明显低过成本价，那是不可能的。

另外，还要学会从网店店主的产品图中观察出商品的质量。如卖家有真人展示，有细节描绘，说明店主对自己商品的质量是很自信的。这样的卖家值得信任。

最后要善于从过往的卖家评价中得到有用信息。看看大家对这品牌的认可度。

如果你找到了值得信赖的品牌商品的网上卖家，价格一般能比实体店的要便宜个几十到几百元不等。

「抑制过分膨胀的购买欲望」

网上购物，图的就是个实惠，但如果控制不了自己的鼠标，很可能适得其反。买回一大堆不需要的东西，本来想省钱，却花了更多的钱。

所以，学会控制自己，这是精明的网购者都需要学习的必修课。

不需要的东西可能产生于两种情况下的网购。一是贪图便宜，中了无良卖家的奸计。二是夸大了自己的需求，买回自己一时半会，或者根本没机会用的东西。

冲动是魔鬼。确实是。

6 改衣改出自己的名牌

爱买衣服的女孩们都有一个困扰，那就是，老进新衣，旧衣怎么办。不少旧衣服其实并不破旧，只不过就是过时了，或小了，窄了，不适合再穿了。这些旧衣服真的很像鸡肋，弃之可惜，但食之无味。送人吧，也不是那么好送的，愿意接收的人和你的身材体型不尽相同。另外，对于某些对自己的衣物敝帚自珍的人来说，送人，就相当于把自己的“孩子”扔掉，万般不舍。

怎么办才好呢。

看看爱省客的智慧吧。现在流行的就是改衣!

改样式，改长短，改用途。这可是你自己的高级定制呢。通过这样的“修改”，旧衣就改换了新颜，变成新玩意儿，衣服的总量不变的情况下，不花钱，就能收获新东西，这样的好事谁能拒绝呢。

赶紧的，快打开自己的衣橱，盘点一下，有什么能修改了，改衣“魔术”开始了!

爱省客改衣示范课

长牛仔裙一裙改两样：

短牛仔裙+大牛仔包

牛仔裤和牛仔裙，哪个女孩还没有几条呀，算是衣橱里的常备经典了。虽然牛仔类的衣服耐穿，但总不能老穿那两条吧。所以，就有一些牛仔类的衣服退出了我们日常搭配的名单了。好的，就拿这些退居二线的老牛仔来“开刀”吧。

选中目标，一条已经过时的长牛仔裙。

1 一分为二

在修改之前先初步设计下，这条长牛仔裙可做两样东西，虽然这个样式的长的牛仔裙不流行了，但短的牛仔裙还是正当时的。上半截可用来做短牛仔。下半截，可用来做一个牛仔大包。

2 先做短裙

如果直接剪开，不加装饰，那是一种风味。但还可以有其他的选择，给裙子的下摆做做设计，给加上一些荷叶边，这样就变成一条俏丽充满动感的荷叶短裙了。

3 再来做牛仔大包

我的一个朋友曾经和我说，现在很多人用牛仔裤和牛仔裙改包，喜欢用上半截，然后，看上去就像背了个鼓囊囊的屁股满大街逛，很不雅观。我恰巧想象力丰富，脑子里马上浮现出了她描述的情景。大笑。然后得了一教训。所以我做的这个大包，用的是牛仔裙的下半截而不是上半截。我喜欢用大包，喜欢大包的包容和大气。这条长牛仔裙，恰巧够长也够大。做之前没设计，确实是边做边设计的。我不喜欢提前预设事情，因为什么都安排好，打算好了，就少了那种灵光一闪的快乐了。我追求的是边走边看的情趣。看看怎么做的吧：

●步骤一：

用的是长牛仔裙的下半截。利用裙子本身的开叉，翻边上拼接一块白色厚棉布，裙边的两侧包括底部都拼上一条三角形白色的厚棉布。

●步骤二：

然后用一块黑牛仔布做了一个小贴袋。小贴袋上，当然是可以装饰的，可上两个装饰小扣子。

●步骤三：

上一条拎带。可设计成手拎的或斜挎的，根据自己喜好定。这样就做好了。

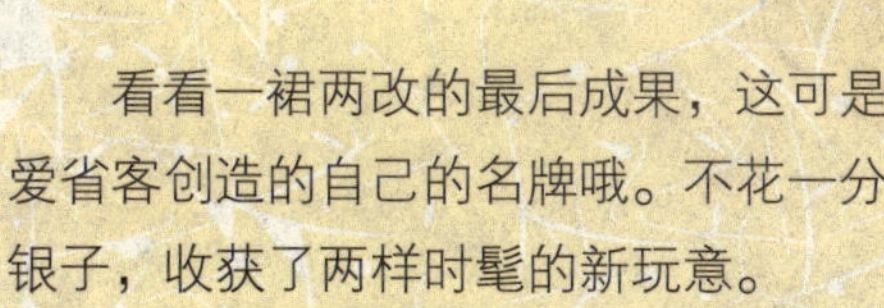

看看一裙两改的最后成果，这可是爱省客创造的自己的名牌哦。不花一分银子，收获了两样时髦的新玩意。

7 盘活压箱底的存货 做个复古美人

谁都有些压箱底的存货。这些存货，当初那么鲜亮美丽，之所以压了箱底，就是因为过时。但时尚这东西，就是三十年河东三十年河西的事，当时尚界的大师们绞尽脑汁，想无可想之后，就自然而然去翻压箱底的存货了。美其名曰：复古。大师尚且如此，我等俗人更可以如此了。

但别简单理解这样的盘活就是原样照搬。直接翻出直接穿，那是不行的，要有创意，创意！

创意1 复古的压箱底+时尚的外衣

压箱底的，一定是你舍不得丢弃的，说明当初也流行过和时尚过，要不就是质地特别精良。所以，你才不惜让它们常年占据你可贵的衣柜的空间。

如果运气好，那年的时尚又部分回归，比如，刚好你的某件压箱底有当年流行的荷叶边元素，OK，就当新的请出来，露出来。不能原样穿上就出门哦。加件当季新款外衣。让复古在流行的外在掩护下若隐若现，真是爱煞人了。

古典压箱底+细节的流行主义

压箱底的存货，重新翻出来，也不可避免地会带有一些“陈腐”之气，即使时尚回头，也不可能照搬经典，总会多多少少加入当下的时髦元素，这点是压箱底的存货不具备的。

如何能弥补这个缺陷?

细节决定成败。

用细节的点缀，局部的点缀来融合古典与流行的距离。丝巾、胸饰、项链、腰带。细节的流行主义会让你的“压箱底”重新成为光彩夺目的时尚新品。

创意3 压箱底+压箱底：叠加混搭，负负得正

什么东西，到了极致都会发生大逆转。网络红人犀利哥就是个很典型的示范。所以，你的压箱底存货，可玩个叠加混搭游戏，区分好层次，负负得正。

这是个能接受多元风格的时代。

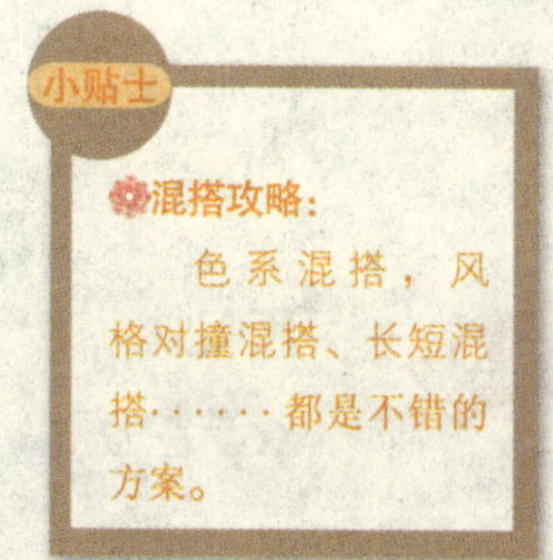

小贴士

混搭攻略：

色系混搭，风格对撞混搭、长短混搭……都是不错的方案。

锦衣玉食，是的，正是大多数人的追求。这样的奢华中，真正值得的，也许并不是华美的衣服和精致珍贵的食物本身给予你的，你计较的是它们的附加值——排场和面子，这些才是享受之外的更大享受。

爱省客觉得，饮食其实是哲学。我们不如掀开华丽的外衣，看到食物的本质。去除繁华无边的热闹和装饰。本真的，也许才是你需要的，最最安全的。

宝典2

爱省客智慧

饮食

1 肯定不能省的身体必须营养

吃得好，不一定吃得营养，我想这个观点大家都会认同。有些人吃成了大胖子可能还会患上营养不良症。有些人，虽然吃的方面开支不多，但照样吃得营养美味兼顾。

爱省客，这次把省钱的目光投到饮食方面。先用排除法，看看哪些是身体绝对不能省的必须营养。

蛋白质、脂肪、碳水化合物、矿物质、维生素和水是大家所熟知的人体必需的六大营养素，加上被称为第七营养素的食物纤维素。每天我们的人体不能缺少这些营养。补充这些营养素最好途径，当然是饮食。

专业的科学家、营养师与医生选出了八种食物，这八种食物能照顾到我们每日必需的营养，再加上一些好的蛋白质，如三文鱼、火鸡或瘦瘦的牛排，就能照顾好我们的身体。赶紧来看看不能省的这几种好吃不贵的食物。

「菠菜」

菠菜中含有丰富的胡萝卜素、维生素C、钙、磷及一定量的铁、维生素E等有益成分，能供给人体多种营养物质；其所含铁质，对缺铁性贫血有较好的辅助治疗作用，并能够帮助肌肉成长，强化心脏健康与骨头生长，同时能提高眼睛视力。此外，菠菜还富含叶黄素，这种化合物可以对抗年龄造成的退化。

菠菜不是什么昂贵的蔬菜，价格也便宜，性价比真的很高。菠菜用水焯一下，直接上桌，营养成分高，而且鲜美甜润，值得尝试！

「酸奶」

酸奶由纯牛奶发酵而成，除保留了鲜牛奶的全部营养成分外，在发酵过程中乳酸菌还可产生人体营养所必须的多种维生素，如维生素B_1、维生素B_2、维生素B_6、维生素B_{12}等。

酸奶可增强人体免疫功能，常饮用酸奶能促进肠道运动，缩短食物在身体内的转运时间，软化酵解结肠内容物，增加粪便排泄量，预防便秘发生，有益于预防结肠癌。因此，酸奶在国外被誉为长寿食品。

酸奶最好在睡前喝，千万不要空腹喝。一天一杯酸奶，不会增加什么经济负担，爱省客极力推荐！如果喜欢DIY，还可以自己用家用酸奶机做。

「番茄」

番茄也叫做西红柿。据营养学家研究测定：每人每天食用50~100克鲜番茄，就可满足人体对几种维生素和矿物质的需要。番茄含的“番茄素”，有抑制细菌的作用；含的苹果酸、柠檬酸和糖类，有助消化的功能。它所富含的维生素A原，在人体内转化为维生素A，能促进骨骼生长，对防治佝偻病、眼干燥症、夜盲症及某些皮肤病有良好功效。番茄内的苹果酸和柠檬酸等有机酸，还有增加胃液酸度，帮助消化，调整胃肠功能的作用。番茄中含有果酸，能降低胆固醇的含量，对高血脂症很有益处。

番茄在对抗癌症，保护心脏健康方面大显身手，还能促进免疫能力，真是一种神奇的菜中之王。特别要注意的是，不要买红度不够的番茄，因为番茄在自然的条件下越红，有效的营养就越多。

番茄有这么多好处，怎么吃呢？烹煮。煮熟后的番茄对人体更有好处，身体更容易吸收茄红素。

爱省客最喜欢番茄炒蛋和番茄牛肉这两道菜了，几乎百吃不厌。不仅美味，更重要的是有营养！

「胡萝卜」

胡萝卜具有对抗癌症的功能，还能促进免疫，提高眼睛视力。胡萝卜含有大量胡萝卜素，有补肝明目的作用，可治疗夜盲症。多数红色、黄色、或橙色的蔬果，都含有胡萝卜素的成分，但胡萝卜素，在胡萝卜中含量比较丰富。

胡萝卜含有植物纤维，吸水性强，在肠道中体积容易膨胀，是肠道中的“充盈物质”，可加强肠道的蠕动，从而利膈宽肠，通便防癌。

爱省客推荐一种很适合女孩子的吃法，就是做一道橙子胡萝卜汁。准备2个橙子，3个胡萝卜，将橙子去皮，胡萝卜擦洗干净。榨汁后立即饮用。如果你觉得汁太甜，可以加入一些薄荷叶。胡萝卜能够平衡橙子中的酸，并具强效的抗氧化剂功效。喝上一杯这样的果汁，能够起到清洁身体和提高身体能量的作用，可帮助身体炎症的消除和促进细胞的再生。这道健康蔬果汁成本低廉，但营养价值相当高。

「蓝莓」

蓝莓是一种大脑活性剂，还可以对抗癌症，促进心脏与免疫系统健康。还是众多水果中，富含最多抗氧剂的一种，可以帮助防止癌症、糖尿病，预防与年龄有关的记忆衰退，因此蓝莓也有大脑莓果之称。研究表示，蓝莓含有大量的纤维、维生素A和维生素C，因此可以帮助心血管健康。专家建议，每日摄取1杯新鲜的蓝莓汁，或1/2杯冷冻或干燥蓝莓汁，对身体健康都很有帮助。

蓝莓中蕴藏着大量紫色成分——花青素。它可以驱除眼睛疲劳，让眼睛继续工作，让你拥有魅力双眸。

口感很好的蓝莓汁，如条件允许，爱省客建议经常喝喝。

「黑豆」

所有的豆类都是有助心脏功能的，但是能够促进智能的，大概只有黑豆。因为黑豆富含花青素，是能够改进大脑作用的抗氧剂化合物。每日摄取半杯的黑豆，可以获得8克蛋白质和7.5克纤维，不仅热量低，还不含对人体有害的饱和脂肪。如果没有黑豆，吃豌豆、扁豆等食物也可以，它们有类似黑豆的功效。

黑豆中蛋白质的含量是牛肉、鸡肉、猪肉的两倍多，是牛奶的12倍，不仅蛋白质含量高，而且质量好。黑豆蛋白质的氨基酸组成和动物蛋白相似，其赖氨酸丰富并接近人体需要的比例，因此容易消化吸收。黑豆脂肪含有较多的不饱和脂肪酸，易于消化吸收，不会沉积在血管壁上。另外，其最大特点是含有植物固醇，植物固醇不但被人体吸收，而且能抑制胆固醇的吸收。另外，黑豆中富含的钙是人体补钙的极好来源。

爱省客最喜欢的黑豆的做法就是煲汤。黑豆加脊骨，小火慢慢熬制，味道那是一级棒！

「核桃」

核桃仁中富含维生素E，可使细胞免受自由基的氧化损害，是医学界公认的抗衰老物质，所以核桃有“万岁子”“长寿果”之称。

核桃可以促进心脏健康，核桃还比红酒拥有更多的抗炎多酚，其所富含的肌肉建造蛋白质，达到鸡肉的一半。其他的坚果类食物也许含有上述一两项功能，但同时拥有各种好处的，却只有核桃而已。

每天吃上5~6颗核桃，就可以健脑、美容，何乐而不为！

「燕麦」

燕麦富含可溶解纤维，所以可以降低心脏病风险，虽然燕麦也含有不少碳水化合物，但它释放糖分的速度会被纤维质减慢，更重要的是，每半杯燕麦就含有10克蛋白质，能够提供平稳的肌肉生长能量。

爱省客建议，早餐别光喝白米粥了，为了营养，改燕麦粥吧。

2 不要小看了买菜的大学问

你会买菜吗？这里说的可不是简单的一手交钱一手交货的交易哦，说的可是买菜的诀窍。如何用最少的钱买到比较合适的菜。买菜的学问可大了，听爱省客给你说道说道。

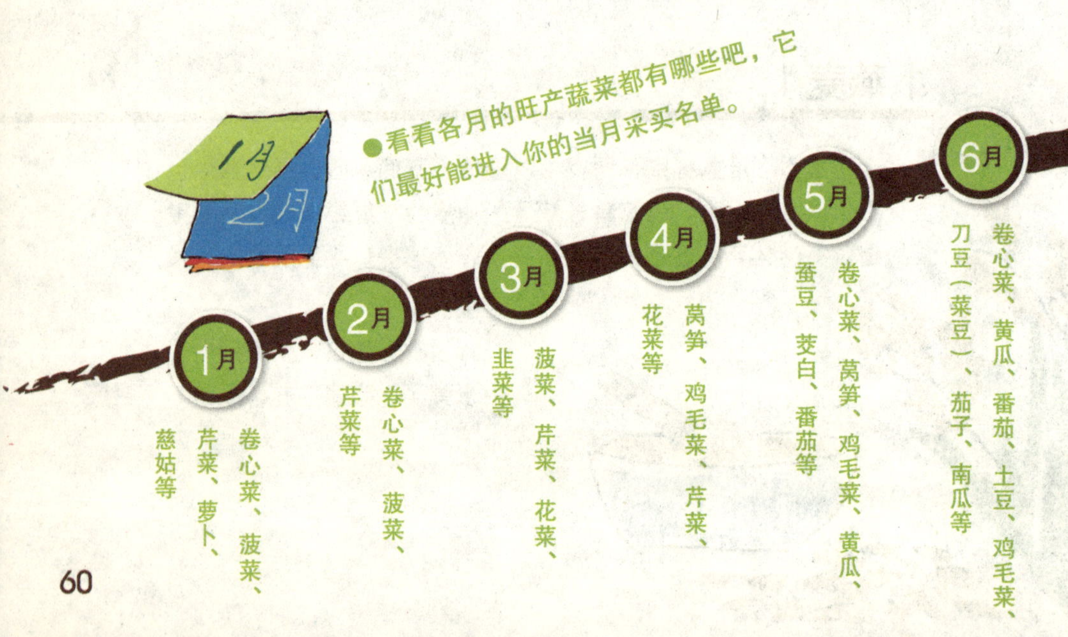

「蔬菜尽量选择当季的吃」

吃菜也要讲究季节，各个季节旺产旺销的蔬菜是什么就吃什么。返季节的蔬菜一般都有人工干预的痕迹，不如应季的瓜熟蒂落那么顺其自然，而且，价格不菲。吃应季的蔬菜，既省钱又健康。何乐而不为?

7月

豇豆、茄子、鸡毛菜、卷心菜、冬瓜、丝瓜、毛豆、辣椒、土豆、扁豆、卷心菜、空心菜等

8月

冬瓜、豇豆、茄子、鸡毛菜、南瓜、丝瓜、毛豆、辣椒、土豆、扁豆、卷心菜、空心菜等

9月

冬瓜、萝卜、丝瓜、毛豆、豇豆、茄子、辣椒、芋艿、茭白、卷心菜、扁豆等

10月

卷心菜、菠菜、芹菜、萝卜、芋艿、茭白、花菜、茼蒿、生菜等

11月

卷心菜、菠菜、芹菜、萝卜、莴笋、花菜、荠菜、草头、生菜、慈姑、青蒜等

12月

卷心菜、菠菜、芹菜、萝卜、塔菜、荠菜、慈姑、花菜等

「买菜别光看表面的卖相」

都说人不可貌相，但人往往还是容易被第一印象影响，人如此，物也如此。买菜时，我们也容易被表面光鲜漂亮的菜所迷惑。其实，这里面陷阱多多，让我们白花了高价还得不偿失。

化学催出不真实的肥美

这是一个急功近利的时代，化学元素的运用开始疯狂地侵入食品的生产，于是我们有幸见识了各种异样的非自然的肥美。如除草剂催发的豆芽。这些豆芽生长快、长得好，显得肥美鲜嫩。但仔细观察，发现这样的豆芽须根不发，不但没有清香脆嫩的口味，而且残存的化肥等在微生物的作用下可生成亚硝酸氨，有诱发食道癌和胃癌的危险。在选购豆芽时，要先抓一把闻闻有没有氨味，再看看有没有须根，如果发现有氨味或无须根，就不要购买和食用。

除了豆芽，还有一些海产品会用氨水来泡发，我们在购买的时候需要特别注意。

不要被整过容的食品蒙蔽

有些商贩为让自己的食品卖个好价钱，经常会给它们来个化妆术。就以大米为例，说说如何识破这种诡异的化妆术。购买大米时一般要注意四点：一闻，优质的大米会有一种特有的清香，人们通过嗅觉可以辨别出来；二尝，优质的大米放在嘴里生吃时不会有异味，而且容易被咬碎，舌头能尝到淀粉的味道；三抓，优质的大米经过手在袋中反复抓后，人们能够清晰地看到袋子周围和手上有白色物质出现，这是“整容”陈米不具备的；四冲，优质的大米经温水冲洗不会产生大量杂质，而劣米和一些“整容”大米冲泡后会在水中沉淀大量杂质，加入的油渍、蜡渍经水泡后也会现出原形。

「如何辨别食品的安全度」

肉类

新鲜肉：脂肪洁白，肌肉有光泽，红色均匀，外表微干或微湿润，用手指压在瘦肉上的凹陷能立即恢复，弹性好，且有鲜猪肉特有的气味。

不新鲜的肉：脂肪少光泽，肌肉颜色稍暗，外表干燥或有些粘手，新切面湿润，指压后的凹陷不能立即恢复，弹性差，稍有氨味或酸味。

蔬菜

一是不买形状和颜色异常的蔬菜。

形状、颜色正常的蔬菜，一般是用常规方法种植的，而异常蔬菜则可能是用激素处理过。如韭菜，不用激素的叶子较窄，吃时香味浓郁。而当它的叶子特别肥厚宽大，比一般阔叶韭菜还要宽1倍时，就可能是在栽培过程中使用了激素。这些激素的费用也会加在菜价里让消费者买单。有的蔬菜颜色不正常，不宜选购。如菜叶失去了平常的绿色而呈墨绿色、毛豆碧绿异常等，则可能是在采收前喷洒或浸泡过农药。

二是不买“多虫蔬菜”。

在品种众多的蔬菜之中，有的蔬菜容易被害虫所青睐，称之为“多虫蔬菜”；有的蔬菜，虫不大喜欢，称之为“少虫蔬菜”。“多虫蔬菜”由于害虫多，不得不经常喷药防治，这样，不仅卖价贵，还势必形成农药残留；“少虫蔬菜”的情况则相反。为了避免摄入过多的农药，平时应尽可能选吃“少虫蔬菜”。这类蔬菜主要有生菜、芹菜、茼蒿、胡萝卜、洋葱、大蒜、韭菜、大葱、香菜等。

3 挽救厨房这个浪费重灾区

厨房是浪费重灾区？没想到吧？但可能就是个事实呢。赶紧来个大盘点，看看到底哪些方面可“开源节流”吧。

「储藏不当」

上班族没时间天天去买菜，有时，一次就买一周的。怎么保存就成了问题。特别是蔬菜，如果需要一次性买至少半周的蔬菜，储藏更是需要技巧。如储藏不当，不仅营养丧失大半，口感差，严重的可能就腐败了，变质了，只能当垃圾处理掉。花了钱，还得去处理它，是不是很冤枉?

那怎么办？来想想招吧。其实，蔬菜的储藏是有诀窍的呢。

储藏前保鲜

绿叶青菜直接放冰箱里最容易脱水，将其放进冰箱之前做下处理，会保持其常久新鲜。

- 买回来的新鲜绿叶菜如果比较脏，那就需要择一下，把虫叶、烂叶、脏叶清理清理，千万不要浸泡。如果菜太干，就适当滴点水，但记得不要弄得水淋淋的。
- 处理好的绿叶菜放入保膜袋或食品袋中，封口不要封得太死，留个

小口，因为这时的绿叶菜是需要呼吸的。也可在袋子各处多扎几个小口（不要太多）。这样，绿叶菜既可以呼吸，又不会让水分很快蒸发掉，就能很好保鲜了！

●另外，绿叶菜在冰箱里面存放的位置非常重要，根部朝下放入冰箱冷藏室，可有效延长保存时间，留住新鲜。

其他水果蔬菜保鲜

TIPS

新鲜蔬菜在冰箱内储存不能超过3天。

●冬季购买的韭菜、蒜黄等青菜，如果一时吃不完，可用新鲜的大白菜叶子包好，放在阴凉的地方，可保鲜数天。

●生菜只要放一段时间就会逐渐变软并变色，可将菜心摘除，然后将湿润的纸巾塞入菜心处让生菜吸收水分，等到纸巾较干时将其取出，再将生菜放入保鲜袋中冷藏。

●大蒜、葱、姜、辣椒大多为调味品，保存时最好能保持原貌。大蒜的保存方式与洋葱类似，可将其放入网袋中，然后悬挂在室内阴凉通风处，或是放在有透气孔的专用陶瓷罐中。而姜分为老姜和嫩姜，老姜不适合冷藏保存，可放在通风处和沙土里，嫩姜应用保鲜膜包起来放在冰箱内保存。

●水果去皮后，如不马上吃完，过一段时间空气会对水果起氧化作用，使其表面变成浅棕色，非常难看。如果将削皮的水果浸泡在凉开水中，既可防止氧化而保持原有色泽，还可使水果清脆香甜。

●香菜保鲜。挑选棵大、颜色鲜绿、带根的香菜，捆成500克左右的小捆，外包一层纸(不见绿叶为好)，装入塑料袋中，松散地扎上袋口，让香菜根朝上，将袋置于阴凉处，随吃随取。用此法贮藏香菜，可使香菜在7~10天内菜叶鲜嫩如初。长期贮藏香菜，可将香菜根部切除，摘去老叶、黄叶，摊开晾晒1~2天，然后编成辫儿，挂在阴凉处风干。食用时用温开水浸泡即可，香菜色绿不黄，香味犹存。

●茄子保鲜。茄子的表皮覆盖着一层蜡质，它不仅使茄子发出光泽，而且具有保护茄子的作用，一旦蜡质层被冲刷掉或受机械损害，就容易受微生物侵害而腐烂变质。因此，要保存的茄子一般不能用水冲洗，还要防雨淋，防磕碰，防受热，并存放在阴凉通风处。

●韭菜保鲜。新买回来的鲜韭菜用小绳捆起来，根朝下放在水盆里。就会长时间不干、不烂。芹菜、茼蒿、葱等也可采用这种方法保鲜。

●西红柿保鲜。挑选果体完整、品质好、五六分熟的西红柿，将其放入塑料食品袋内，扎紧口，置于阴凉处，每天打开袋口1次，通风换气5分钟左右。如塑料袋内附有水蒸气，应用干净的毛巾擦干然后再扎紧口。袋中的西红柿会逐渐成熟，一般可维持30天左右。

首先，买蔬菜，无论多忙，都不能图省事一次买太多，半周采购一次最合适。专家提醒，新鲜蔬菜在冰箱内储存期不应超过3天，否则不利于身体健康。长时间在冰箱里储存蔬菜非常危险，而危险也多来自蔬菜本身含有的硝酸盐，因为硝酸盐本身无毒，然而在储藏一段时间之后，由于酶和细菌的作用，硝酸盐被还原成亚硝酸盐，亚硝酸盐是一种有毒物质，它在人体内与蛋白类物质结合，可生成强致癌性的亚硝酸盐类物质。

储存蔬菜不仅会产生有害物质，而且会发生营养素的损失。试验证明，在30℃的屋子里储存24小时，绿叶蔬菜中的维生素C几乎全部损失，而亚硝酸盐的含量则上升了几十倍。

所以，新鲜蔬菜在冰箱内储存期不应超过3天。凡是已经发黄、萎蔫、水渍化、开始腐烂的蔬菜都不要食用，以免影响到身体健康。

「烹制过量」

打开你家的橱柜，看下碗盘的尺寸，这就能判断出你是不是经常会烹制过量。习惯用大盘子大碗的，不见得食量惊人，但做菜风格大多很豪放，这也许就是个习惯问题。

说到饭菜的量呀，有时还不得不和礼仪挂点钩。因为，在国人眼中，顿顿有余才能年年有余。不剩点菜，体现不出富足。特别是年夜饭，那更是十盘八盘不嫌多，山珍海味没个够。一顿吃不完，第二顿继续，除夕吃了，大年初一、初二、初三继续，夸张的，说是能吃满一整个正月。

饭做多了还好办，第二顿热一下，或改成泡饭、蛋炒饭之类的也还算是个不错的选择。但菜做多了，无论如何保鲜，第二顿再吃，口感都会差一些了。有些菜经过多次加热，对身体不仅没好处，还有害处呢。所以，根据人数和食量来规划每一顿，实在太必要了，别小看这一个小小的“省”功，长期积累，集腋成裘。

如果一家只有夫妻两口人，平常的日子，一顿的主食米饭有个250~300克的量，两菜一汤已经能满足需要，人数多的，也按每人的食量做个估算，别超过太多，这样，日日吃新鲜的，还能省钱，一举两得。

4 学做好吃又省钱的日常三餐

不能光说不练不是。说了半天饮食的省钱诀窍，到底好吃又省钱的一日三餐该如何安排呢？

先从营养角度来说，一日三餐的主食和副食应该粗细搭配，动物食品和植物食品要有一定的比例。

「早餐」

早餐是一天中最重要的一顿饭，每天吃一顿好的早餐，可使人长寿。早餐要吃好，是指早餐应吃一些营养价值高、少而精的食物。设计上选择易消化、吸收，纤维质高的食物为主。

按成人计算，早餐的主食量应在150～200克之间，热量应为2930千焦左右。当然从事不同劳动强度及年龄不同的人所需的热量也不尽相同。如小学生需2093千焦左右的热量，中学生则需2517千焦左右的热量。就食量和热量而言，应占不同年龄段的人一日总食量和总热量的30%为宜。主食一般应吃含淀粉的食物，如馒头、豆包、面包等，还要适当增加些含蛋白质丰富的食物，如牛奶、豆浆、鸡蛋等，再配以一些小菜。这些食物都不是什么珍稀品种，绝对好吃不贵。

爱省客推荐

●粥+菜肉包或鸡蛋

●面包+泡菜+火腿丝或肉肠片

小贴士

- 睡前把适量的米或燕麦放电锅里，根据每日起床时间定好开始煮的时间。
- 菜肉包、鸡蛋、火腿或肉肠可提前到超市购买，可储备一定数量。第二天起床时可边洗漱边蒸包子、煮鸡蛋。
- 泡菜可购买也可自己腌制。

「午餐」

每天的午餐，占据我们全天摄入营养和食物的30％~40％，要荤素搭配好，尽量吃饱，为了营养均衡，应经常变换菜色，但是不宜吃太油腻的食物，以免影响下午的工作。

对于上班族来说，午餐大多在工作场所附近解决，吃什么，那要根据附近的条件来定。这样的中餐，选择余地很小，有时是一套煎饼，有时是一份酸辣米线，容易吃得油腻。其实，可尝试带带便当。不仅吃得卫生，还省钱营养。

中餐是一天中承上启下的一顿，要有碳水化合物，要有脂肪，要有维生素等等。同时，为了保证摄入的营养均衡，要保证粗粮、细粮、肉类、水果和蔬菜等食物的种类丰富。

爱省客推荐

●什锦炒饭（拌饭）+生菜沙拉

炒饭这种东西就是为盘活剩饭而存在的。头天晚上如果饭做多了，第二天就有原料做炒饭了，什锦就是随意配的意思了。可放肉肠，可放牛肉，可放鸡肉，然后加一些豌豆。随意。如果有头天的带汁的小炒，那就来个拌饭。如果有生菜，就准备几张新鲜的叶子，拌点沙拉酱，好吃又美味的一份便当就准备好了。

「晚餐」

晚餐虽然是最有时间弄的一顿饭，但不要弄成最丰盛的。因为，再过几小时你就该休息了，太丰盛，你的胃就会负担很重。

晚餐可根据自己的喜好，以富含碳水化合物的食物为主，而蛋白质、脂肪类吃得越少越好。

爱省客推荐

●老火汤+鱼肉或鸡肉+蔬菜

老火汤可在周末的时候做成半成品，存放在冰箱里，每天下班回来可根据食量取出，小火熬一会，这样就能喝上了。鱼肉和鸡肉很适合晚餐食用，因为蛋白质和脂肪的含量很合适。

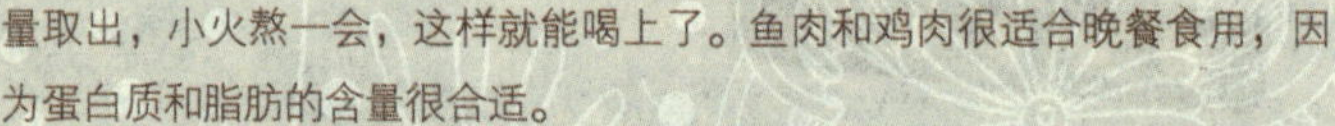

一个强人曾经这么安排一周的晚餐，也可借鉴一下：周日去菜场买活鸡一只，香菇竹笋等辅料若干，放在砂锅里炖2小时，冷却后放进冰箱，每天回家后取出若干加热即可。这样，从周日到周三，每天只需炒一个蔬菜或者买点水果就能吃上一顿营养美餐。周四买一条黑鱼和番茄回家，如法炮制再烧一锅，又可以吃上3天。这样算下来，每吨晚餐平均只需10元左右，且营养均衡，卫生健康。

5 在家请客省钱又有诚意

对于很多人来说，请客吃饭，除了排场，更看中的是诚意。如果请客吃饭打的是情意牌，在家DIY（自己动手）一顿家常宴席，一定能让对方感受到你那份浓浓的心意。

「请同乡吃饭，做几样最有家乡特色的小菜」

乡情难解，如果请同乡吃饭，不用追求高档，什么鲍鱼龙虾鱼翅，都比不上那几样最地道的家乡小菜有分量。

家乡的小菜，一是原料乡土，二是调料本色。所以，只要有机会，最应该储备一些来自家乡的这些食材，关键的时候，它们可是千金不换的呢。

吃吃饭，叙叙旧。再就着家常小菜喝点小酒。花钱不多，但一定会主宾尽兴。

「请朋友吃饭，做自己的拿手大菜」

自己的拿手大菜，其实是自己多次练习，加入自己的体会做成的“个人名牌”。既然如此，一般来说，食材都是比较常见的，附加值是用心琢磨做菜的那份专注。

如果请朋友吃饭，端上一道味道温暖的拿手大菜，那份独特，可是让人回味无穷的。这是花多少钱都买不来的。

「请外国友人吃饭，来顿中国特色的饺子大餐」

越民族的越有世界性。如果你要在家请外国友人吃饭。想都不用想，来顿饺子准没错。在外国友人眼里，饺子就是属于中国的专有符号。

饺子，真是一种包容天下的神奇食物。外皮都差不多一样，内容可荤可素，随意组合，平易近人。可根据外国朋友的口味来量身定做。

平民化的口味，平民化的花费，但却是最有诚意的宴席。

6 外食族省钱全攻略

因为工作需要或商务方面的需求，有些人可能经常在外面吃饭。这样的外食族如何才能在很经济的费用下吃得有面子又不掉份子呢。

「储备一批能应对各种场合的实惠外食餐厅」

有免费项目的餐厅

这些餐厅饮料可续杯，加饭不用钱，有免费汤或其他附送饮料。

能够办会员卡的餐厅

充值后，可成为会员享受打折优惠的大型餐厅。这类的餐厅最适合用来解决每日的工作餐。

刚开张的新店

可经常关注新店开张。因为新店为吸引人气，往往有优惠打折的举措。

积极参加各美食网站的白吃团、试吃团

美食网站经常组织网友前往一些餐厅进行现场评测，这就是白吃团和试吃团。完全免费，但回来要写评测报告，特别适合那些想吃尽天下美食的老饕。

「善于使用订餐网站」

需要请客吃饭，最好先浏览下订餐网站，通过浏览，可对目标的餐厅的菜式价格有个了解。这样能控制费用。

另外，订餐的网站一般和合作餐厅都有协议，在订餐网站上订，一般都能可以享受折扣。不要小看这折扣，形成习惯，就能省下一大笔不必要的开支。

「不要在周末或节假日扎堆去热门餐厅」

热门餐厅经常在周末和节假日人满为患，而且没有折扣。另外，如你手中持有这些热门餐厅的优惠券或代金券，一般都会注明只能周一到周五使用，节假日不能使用。

其实这就是个时间差造成的价格差异，不同时段，不同的价格。如果条件允许，没有时间的特殊要求，就不要在周末或节假扎堆去热门餐厅，人多不算，服务什么的肯定跟不上，服务员忙起来，就没平时照顾周到。

「旅途中的外食也有省钱法则」

●自备旅途餐食

如果有选择，最好不要在火车餐车里进餐，因为菜肴量少价贵，平常三菜一汤要花费百余元，不但吃不好还吃不饱。另外，火车站、汽车站附近的饭店最好也不要光顾，大多不仅卫生条件不够理想，有时还要挨“宰”，用餐时间也匆忙。希望旅游中吃得放心省钱，不如根据路途长短、出游季节等情况自备餐食。如气候适宜，可自备足够的卤菜、糕点、水果，或到批发市场批些方便面等携带便利的餐食，只需带上一个保温瓶途中添加热开水即可。

●巧吃旅游风景名胜景点餐食

旅游风景名胜景点的餐馆一般要比别处的价格高出两倍左右。一般是有选择地吃。一是讲个“实惠”，可以在旅游点的快餐店里买盒饭，既经济，又实惠。二是讲个“特色”。有许多风景名胜景点都有不同的特色点心和南北风味小吃，既省时，又可以品尝到当地特色。

●搭伙吃饭

如是一个人出游，可以与人搭伙吃饭（同住一个客栈旅馆的旅行者，或与客栈老板员工搭伙），这也是省钱的一大法子呢！

居家过日子，稍不节制，银子就哗哗地从你指缝间溜过。买房、装修、过日子需要买的大件电器……这些都是大项目。

大项目更需要大智慧。

居家的细密算计，于人无伤，与己有益。

宝典3

爱省客智慧 居家

1 爱省客买房省钱全攻略

这年头，买房既是人们一生中最想实现的愿望，也是一生中最难实现的愿望，因为你很可能需要很长的时间来偿还你因实现这个愿望而欠下的房款。买房不容易，不是买白菜，需要好好合计下，如何才能省钱，如何才能省更多的钱。

「货比三家」

买房子一定要货比三家，一定不能冲动，不要轻易被开发商的样板房忽悠了。要和买其他任何商品一样，通过自己的货比三家，调整自己的购买思路，优胜劣汰，再不断讨价还价，这样才可以买到物有所值、甚至物超所值的房子。

「买抵债房」

几乎各个开发楼盘在工程后期都会有一些房屋抵债给施工队、材料供应商、广告公司等乙方，而这些乙方单位不是专业的房地产商，当然不能把房子囤积在手上，为了尽快把房子变“现”来周转，都希望在很短的时间内换回现金，价格上往往会比售楼处的房子要低很多，如果你能遇上这等好事，那是可以考虑购买的。

「团购买房」

买其他东西可团购，房子当然也可以。批发价和零售价还是不一样的。团购的方式有很多，可以是单位或银行组织的团购，也可以参加亲朋好友或网友们自发组织的团购，这样不仅可以较低价格买到心仪的房子，还可以通过团购过程中的炒作、运作，使房子很快升值，说不定收益会大大的呢。

「一次性付款」

一般来说，现在的售房付款方式多为一次性付款、银行按揭两种。如果你能看准趋势，且没有更好的投资方向，又有支付实力，不如采用一次性付款的方式，因为一次性付款，开发商会提供给购房者更多的折扣。

「内部认购和扫尾」

每个房产项目正式开盘之前，开发商都希望迅速积累客户、尽快回笼资金，所以，往往会通过各种媒体宣传内部认购，这种方式大多是会收取一部分“预定金”，这个时期买房子的价格会明显地低于市场价。另外，房子卖到末尾，开发商为了尽快了结一个项目，也会把手中剩余不多的尾房处理干净，为尽快脱手，会相应给一些优惠，包括降价和给实物，没准你就能幸运地赶上这好事呢。

「公积金贷款买房」

如何最大限度地减少利息成本呢？住房公积金贷款应该成为首选。只是一般情况下，手续要自己去办理，比较麻烦，而且要和开发商提前约定。但是，这是为了自己的利益是完全可以考虑的好方法，省钱哪有怕麻烦的。

「现场谈判技巧」

如果你天生具有很强的谈判技巧，你可能会为自己省下一大笔购房款，因为和售楼现场和置业顾问的谈判技巧非常重要。

●不要表露你对楼盘的强烈喜爱或强烈的购买欲望，这和你买其他东西一样，是一种心理学原理在生活中的运用。

●告诉对方你已看中其他公司开发的房产并已付定金，但现在还在考虑没最后决定，这边的楼盘你也有点动心，就看这边的楼盘是不是给的条件更好。是否能再便宜点儿补偿在上一家已付出不能退的定金。

●告诉对方你非常想购置该套房屋，但一时支付这么多房款有困难，希望在付款方法上优惠些。

●找物业的缺点要求降价，虽然有点吹毛求疵，但也是方法，值得一试，不是吗？

●告诉对方自己对他们推荐的房子很满意，但家人有其他的想法，希望便宜点，自己好以价格优势说服家人。

「合理设计你的房贷更省钱」

选择还款方式

目前，还款方式很多，绝不仅仅是简单的等额本息一种，每种还款方式都有自己的优缺点，如果你资金比较充裕，推荐你选择等额本金、双周供等可以减少利息支出的还款方式；如果你经常有大额的不定期的收入（比如稿费什么的），你可以选择存抵贷等方便随时提前还款的还款方式。

不过，尽管还款方式种类很多，但是很多银行都是只有其中的几种，因此，你在办贷款时最好提前弄清楚。提前还款确实是个麻烦的问题，很多银行都不愿意借款人提前还款，因此常常设置一些障碍，比如需要排一个月甚至更长时间才能还上，或是必须缴纳一定的提前还款费等。

尽管你在办理贷款时可能觉得自己不会提前还款，但是由于房贷是一个长期贷款，你的还贷期限通常要达到30年的时间，很难说这30年中你会因为什么原因而有钱提前还款，或是在贷款增加的压力下不得不办理提前还款。因此，尽量选择那些承诺可以随时无条件提前还贷的银行办理房贷，并要求银行把这一保证写在合同中。

要最大限度地节省利息

现在很多银行都习惯于将公积金贷款和商业贷款一股脑儿地合在一起，再除以贷款年限，这样计算出客户每期应偿还多少房贷。其实，将公积金和商贷两块分开做，由于公积金贷款利率比商业贷款利率低许多，就可以将公积金贷款的年限设计得长些，将商贷的年限设计得短些，这样就能最大限度地节省利息。

现在的房贷费用基本上就是担保费、评估费、公证费、律师费和保险费这么几部分，这些费用并没有很统一的标准，各家银行会略有不同，因此，要尽量选择那些收费较少的银行。

“房贷跳槽”增加选择权

如果发现其他银行有优惠的房贷政策，就可以用房贷跳槽的方法去选择银行。

房贷跳槽实际就是“转按揭”，是指由新贷款银行帮助客户找担保公司，还清原贷款银行的钱，然后重新在新贷款行办理贷款。如果你目前所在的银行不能给你高折扣房贷利率优惠，就完全可以房贷跳槽，寻找最实惠的银行。据了解，目前大部分股份制小银行为积极争取客户，更加愿意提供转按揭服务，并能给出更优惠的贷款利率。当然，转按揭会存在一些不可避免的费用。

“固定”改“浮动”利率

2006年开始，不少商业银行推出了固定利率房贷业务。由于固定利率推出时尚处在利率上升通道，所以在设计时比同期浮动利率略高，只要央行加一次息，它的优势就立即显现出来。但是一旦降息，选择它的购房者就吃亏了。

2 装修的省钱十大绝招

买了房子，还要装修一番才好入住。装修的门道很多，要省钱，可一个个项目来精打细算，费心，但可以省钱。

第1招 有舍才有得

——根据重点分配装修预算

最厉害的省钱装饰，是如何花得“巧”，用最少的预算，达到最大的效果。省钱第一步，就是了解个人需求与装修重点。

在预算不足的情况下，要有舍，才能有得。小户型重收纳，老屋重水电等基础工程，挑重点来做，减少客厅电视墙或天花板的装饰工程。

但是，也有些工程是省不得的，如保护地板及墙面的工程，若省去保护措施，装修工具进来出去的，很容易伤害到地板墙面，最后可能还要做维修，得不偿失。预算不足时，也可分阶段进行。不必急于一次做足，一些细节方面，如装饰窗帘或家具的部分，可留待日后再来做。

另外，如果门的样式并不过时，可不换门的装修，原先深色门板借喷漆改为白色，便可融入室内空间色块，比更换同尺寸门更划算。

第2招 色彩换装游戏

——善用旧物喷漆换色

搬新家或改变装修时，可先想想有什么旧家具可继续使用。因为运用现有家具，有时比订制或购买新品划算。若觉得原家具材质不错，但与新家风格不符，也可利用喷漆工程来改造家具，来搭配新房的色调。

常沿用的家具是木家具与沙发。旧木家具破损处可用仿木补土修缮，若觉得原木色太沉旧，也可用油漆刷白，带出新的质感。

结构体良好的布沙发或单椅，则可根据自己的爱好和流行趋势重新绷布，这样就可以焕然一新了。

第3招 集中原则

——装空调宜近室外机

装修前，先考虑空调安装的位置。空调最好装在接近室外机那侧墙面，除缩短管线长度，可减少隐藏大批管线的面积，也不须另做线板美化天壁空间，因此，建议在施作木工前决定室内所有冷气位置，一并施工，省下工钱。

降低柜子质地需求

——系统柜代替木作柜

收纳柜体、天花板与线板，皆属木作范围，是一般装潢工程中支出最大的部分，要省钱一定要减少木作。

而木作工程中以柜体为大宗，其实可用系统家具来替代，系统家具支撑力不输实木，可与设计师讨论柜体需求，依空间状态订制规格，且是直接将成品送到家中安装，施工过程可大幅减少烟尘，施工时间也较短。不过，并不是所有系统柜都较木作柜便宜，有些进口品牌因五金、木料等级较高，费用也不低。

系统家具的缺点是样式较固定，没有原木橱柜自然，缺乏形塑风格的能力。不过，系统家具虽无法直接上漆改变色样，但可购买装饰贴片自行改造，仿木纹或金属外观的贴片，创造独特的个人样式，简单转换空间风格。

简单乱有理

——玻璃柜能简化工序

若因空间限制，一定得做木作柜，专家建议，或可用玻璃架来取代木柜。因玻璃不须打磨、贴皮、油漆，可简化工序，相对就省下不少工钱，且玻璃材质看起来较轻盈。但缺点是玻璃材质易碎，家有儿童须格外注意，透明柜身无遮掩功能，放置的东西过多时易感空间凌乱。

有柜门的橱柜，内放便宜的塑料或金属置物架，便节省另做层板的费用。

第6招 收纳的学问

——金属架便宜好收纳

开放式柜体陈列书籍或餐具，可融入空间布置，但楼梯下方储藏室、碗橱及衣柜内部，都是较少曝光的隐密空间，可趁机搭配便宜金属置物架或收纳盒，收放较少使用的大型用品，或协助琐碎小物归定位。这些现成的收纳帮手貌不惊人，但绝对比木工多钉几个层板来得便宜。

第7招 我的风景我制造

——油漆壁贴创造风景

墙面一旦贴上壁纸，想撕下换刷油漆，就不是那么简单了。因此建议，新屋装修尽量以油漆取代壁纸，挑沙发或床头后方当主墙，刷上同色系但色阶较深色，同时选用壁贴样式凸显设计风格。不仅变化性高且易更换，油漆壁贴仅花几百元就能DIY出自己想要的风景，花钱少但效果很好。

超耐磨地板可直铺于磁砖上方，注意在底板下铺上防潮布，再进行地板拼接粘合工程。

第8招 结实才是硬道理

——铺耐磨地板省人工

想将磁砖地板换成木纹地板吗？若选铺实木地板，不仅材料金额高昂，拆除旧地面、修补、铺设等泥作工程，也将增添预算。针对地板装修技巧，若选超耐磨地板或塑料地板取代实木，可进行“直铺”工程。不必拆除地砖，直接铺设防潮布，涂上冷胶或感压胶后，再置放拼装好的超耐磨地板，地面高度增加2厘米便能改头换面。

第9招 现成灯具烘托氛围

灯具也是凸显设计的要素，以极简空间为例，嵌灯或间接光源，得靠木作隐藏灯体，因此，选择间接灯光将提升木作面积。不如省下隐藏光源的木作费用，购买风格相符的设计灯饰，以桌灯、立灯或吊灯烘托空间氛围，这也是省钱又兼顾美感的折衷良方。

3 小房子变大房子的秘密

买小房子，够住就行。爱省客是这样想的。这个观点可是很符合现在的低碳生活的潮流呢。所谓够住，就是不显得局促。聪明的装修能有效利用空间，让小房子看上去更大，这些完全可以通过我们的智慧实现。

可让我们动脑筋的地方太多了。

「厨房的橱柜」

厨房里的橱柜，一般考虑的空间就是台面以下和抽油烟机以上的部分。其实，如果有可能，留出了一块地方，打造一个从地面到顶上的一个大面积的橱柜，这样，置物空间一下子就能增加了很多倍。

「空调的摆放」

房间里空调的位置的摆放也是可以规划的。按正常人的思路，摆放空调的位置就不好再打柜子了。也确实是这样的。空调占据了领空的位置，而柜子也要占用一定的高地空间。它们的矛盾看起来是不容调和的。其实，不一定呢，完全可设计一组柜子，将空调占用的领空全部给柜子包起来了。这样的设计比较适合下面两种情况：一是空间比较小的房间，空间小当然不能让空调占据太多的领空了，所以这样的设计可以给你节省出领空；二是层高比较低的房间。如果在层高较低的房间里仍然采用以前那样的方法，那么你的柜子的高度肯定是要降一截的，这样一来显得既不美观，使用的空间也很小。这样的设计恰巧解决了这些的问题。

「拐角处的柜子的设计」

小房子的拐角处千万不能浪费，在拐角处利用这样的一片空地打造出尺寸合适的小柜子，就可以解决很多实际性的置物难的问题了。

「用好弹性拓展」

●能掏墙的掏墙。就是在墙体内掏个洞，比如说卫生间掏个置物空间可以放一些摆件或者生活用品。

●买家具时尽量选择小型，并且功能性比较全的。比如卧室里的衣柜可以放弃，选择存量也很大的五斗橱。再买个小型的可以挂衣服的衣柜。床可以选择地台式的。沙发选择质感轻盈的材料的。茶几选择可以拼在一起的，这样以后打扫卫生也很方便。

●厨房的柜子之类选择有伸缩性的那种。比如现在流行一种推拉式的收纳柜。做饭时可以拉出来，不用时可以再推进去。

●卫生间的手盆下可以设计放洗衣机的空间。这样也会省出很大空间。

●选门或者衣柜时尽量选择推拉式的。

●色彩方面，尽量选择淡颜色。

4 选好大件电器的购买时机

你家有电器吗？手电、剃须刀、电动牙刷不算哦，我说的是大件的，电视、空调、洗衣机这些大家伙。这些大件电器虽然使用年限都在十年左右，但在这个新产品层出不穷的时代，大件电器的实际使用年限在逐渐缩短，因为谁也不希望家里变成过时电器博物馆。

如果想买大件电器，什么时间购买才划算呢？爱省客可是做过“功课”的，选好时机，你会发现，那省的可不是一点点。

「赶上节假日促销档期」

假日，就是消费的黄金时段，商家才不会错过这个大好时机，为了让消费者掏钱，通常会在节假日或者是商场店庆搞促销。其实，这不是什么坏事。反正要买，如果商家肯让价，肯优惠，我们何乐而不为。力度比较大的节假日有五一、国庆、元旦、春节，如果你要购买大件电器，但需求不算急迫，可憋一下，等到那个时段去满足你的消费欲望。没准你可借着商家的促销送礼的活动，比如什么买空调送微波炉之类的，一箭双雕呢。

「反季节购买」

服装经常会打反季节牌，比如夏季买羽绒服、皮衣，冬季卖夏季的凉鞋了。这是商家为争取资金回笼采取的手段。俗话说，卖头不卖尾，新鲜货上市时，该赚的大头利润都赚够了，尾货，一般平本就可甩了，总体的效益不会差。这个时候，就是消费者最开心的时候了。服装有反季销售，大件的电器也有这样的反季甩卖。比如，冬季卖空调了，夏季卖电暖设备了。如果家里资金还算充裕，其实是可以看着合适，反季节购买的。非常优惠的折扣一定让你花很少钱得到很大的实惠。

「团购」

谁都知道批发价和零售价不同。但我们又不能一次买上10台电视，20台空调，30台洗衣机来争取价格上的优惠。毕竟我们消费的目的不是倒卖，而是自用。那怎么办？可以发动其他的消费者一起组团呀！现在很多论坛都会有人发起这样的活动，集合大家的消费需求，就可以按批发价拿到心仪的东西，这可是目前很流行的拼团购物潮流呢！

「以旧换新」

旧的不去，新的不来。商家为了让消费者买新的，还会用以旧换新来刺激消费者的求新欲望。消费者可以用旧电器来折价换购新的电器。这对很多人来说，很有诱惑力，解决了新的来了，旧的怎么办的问题。卖给收废品的，太便宜，扔了，太浪费，不如折价来得心里舒坦，这样的新旧衔接，间接降低了消费者购新电器的费用，也算是省钱的一招了。

小贴士

●去之前，留意报纸上的促销信息，合理地搭配自己需要的东西：比如小电器可能就不需要买了，因为买大的都送了，或者参加活动给的什么优惠券已经可以购买了。总之要好好研究商家的促销活动哦。

●买样机，会省钱，但是要注意，买的时候看有几成新，如果太旧，说明放太久，就不太值得了。一般来说，小家电买样机比较划算，如微波炉、饭煲啊，因为几乎没用过，和新机一样。但是大件的商品一定要注意，看是不是样机本身有残缺，冰箱、洗衣机事不大，但是彩电不建议买样机，谁都知道彩电一直是演示的，损耗太大。

5 试客、账客的居家理财

在生活压力之下挣薪水的，担心明天的饭碗不敢乱消费；即使工作稳定，面对物价的高涨，也得小心捂紧钱包，不敢大手大脚。我们的生活是否真的要愁云惨淡，品质降低了呢？未必，爱省客告诉你，其实只要开动聪明的脑子，养成好的习惯，学上几个省钱招，好日子还是可以照过，高品质生活并不会从此就离我们远去。

「爱省客坚决做个“试客”和“账客”」

天下真的没有免费的晚餐？其实只要用心找还是有的。比如参加免费试用活动或在网站上获得各类商家的折扣券就是不错的选择。

“试用”网站可以供人试用的产品种类很丰富，有杂志、书籍，有矿泉水、酸奶、果汁，甚至还有打印机，品种最丰富的还是各类化妆品。这些“试用”网站，对于商家推广的产品，多半不收取任何费用，也有一部分收取一点邮资，试用产品基本免费。通过这种试用，事先体验一下，如果觉得好再去买，是对自己钱包的一种负责态度。如果多参加一些试用，也可省下少钱呢，一份化妆品试用装其实能用不少时间。只要你不是那种非常敏感的皮肤，收集一些经常组织试用活动的论坛和网站，一年下来，就能省下不少买化妆品的钱，而且，拿到的试用装小样还多数是大品牌的，质量好还不需要花钱。

此外，你还可以到“折扣”网站拿几张优惠券，除了各类实物商品的购买折扣外，从景点门票、餐厅餐馆到健身、美容各种折扣应有尽有。

从普通上班族到写字楼白领，越来越多人加入了“折客族”的队伍。顾名思义，“折客族”就是一切购物过程中始终贯彻用尽各式各样优惠券换取折扣的人，关注的包括衣食住行、教育、医疗和娱乐等各个领域。懂得善用优惠券也是一门“生活的艺术”。现在经济大环境不景气，想要努力多赚点钱都不容易，换个角度来看，如果平时日常开销能节省一些，也就等于多赚钱了。”

国外不少百万富翁在生活中也会用到优惠券，甚至会从小教孩子学习使用优惠券，培养理财观念。这些富裕家庭的母亲会发动孩子们帮忙从报纸或广告中搜集各种优惠券，然后制作一本可扩充的、依字母顺序排列的文件夹，将各种优惠券逐一按字母顺序收纳起来。然后还会让孩子们帮忙准备日常的购物单。这个过程不

仅是灌输理财观念，还可以教会孩子如何组织、计划和综合信息，对孩子将来大有益处。

一位“折客”在网上分享了自己使用优惠券换折扣的几点“攻略”：

首先，收集优惠券的渠道非常广，除了下载电子优惠券之外，现在有一些免费派送的集合了各种商家优惠券成一本的“优惠券集”，囊括衣食住行娱乐教育医疗健康等各个方面，基本上要什么优惠都有。这本集子还有个好处，就是可以用已经过期的去换取当月全新的集子。

其次，是要对自己的消费习惯分门别类进行梳理，弄清楚自己外出就餐常去的地点、常去的超市、喜欢的衣服品牌等等。然后有目的地收集这些商家的优惠券，跟随自己的消费习惯使用优惠券最大的好处在于可以尽量避免出现为了优惠券去消费，反而增加额外开支的情况出现。

此外，还要做一个“有心人”，别以为商家打出的促销价就一定是更便宜了，因为他总是要赚钱的，多观察多比较不同时段的价格，才能找到真正便宜的。

值得注意的是，“试客”和“折扣”享受优惠的同时也暴露了自己大量的个人信息。所以，对于没有隐私保护条款的网站，网友们要特别注意小心。

另一新新族群“账客”也有自己的省钱主张。以前用钱心里没有数，经常超支，现在点滴都记录下来，这样可便于控制自己的用度，并可反省哪些地方是不应该的消费，坚持下来，节流成果一定会让你惊喜。

「爱省客要大大方方收赠品」

一位年轻的妈妈就有这样的经历——以女儿为名收赠品。

“怀孕时，我经常去参加医院的孕妇讲座，这种讲座一般是由奶粉厂家赞助，现场有很优惠的买赠活动，又学习又有赠品，多好。”说起这招，这位妈妈还挺仗义，不仅自己去还介绍给怀孕的朋友。

「爱省客搜罗二手货从不嫌弃」

孩子长得很快，想做节俭的妈妈，搜罗亲戚朋友的二手货是个好方法。“我好朋友家的宝宝比我女儿大2岁，一次聚餐说起他们家闲置了一个车用儿童椅，就试探问我要不要，她还怕我嫌弃。我当然欣然接受了。朋友送的物品质量都不错，根本不用买，不仅省了银子还减少了甲醛对宝宝的伤害。”

“其实很多东西都是可以循环使用的，用过的口罩经消毒，可以拆取纱布做围嘴，还能当洗漱工具，让孩子他爸用来洗奶瓶也是不错的选择。”一个年轻的妈妈说着自己的高招。面对不断高涨的生活成本，我们用智慧来帮助自己，我们要活得更好！

「爱省客换闲置变没用为有用」

爱省客觉得，每个人或多或少都有一些买回来后用不着的东西，也有一些以前有用如今没用的东西，这些东西，弃之可惜，但留着有没用。怎么办？换呗！你用不着的，也许人家用得上，别人用不上，也许你正好就需要。这么一换，把闲置的东西就盘活了。各自也不用再花钱去添置新的了。

出门在外，没有了在家里的那种随心所欲，有时，一切看上去那么让人难以控制。可也有一个让你收回控制力的法宝，那就是做计划。

出门前，想要省钱，需要做好计划。该买什么，该去哪里，什么时候去，吃什么，住什么……

有人说，细节决定成败。爱省客说，计划决定出行的成败和成本。

宝典4

爱省客智慧出行

1 省钱也开心的娱乐方式

闲暇的时候你会干什么？K歌？泡吧？还是去采摘？随便哪一个项目，都需要花不少钱呢，都说世界上没有免费的午餐，真的没有吗？不见得呢，爱省客就知道一些娱乐方式，花很少钱照样很开心。

「城市附近的开放公园」

休息的时候，如果天气好，去大自然里呼吸新鲜空气。如是热门的公园，可能门票不菲。这时候，不如把眼光投向四周，城市附近，应该有野趣盎然的郊野公园。骑上自行车，带上吃的喝的，放松的一天就在开放的公园里快乐消磨掉了。

在开放的公园，可以来个朋友欢聚的野餐会。或选个美丽的景色，展示下你刚刚晋级的摄影功夫。再或者，带上牌和棋，在大自然中杀上几盘。

和风徐徐，其乐融融。

「精彩的免费的文化娱乐项目」

大城市在周末一般都会有些精彩的文化活动，画展了，或一些带讲解的音乐会。这些都是你很好的娱乐场所。国外有很多免费的娱乐场所，数量多得可能让你吃惊。很多城市都有免费的音乐会、文化活动、带讲解的游览项目、典礼仪式、轮滑公园或者烟花燃放等。可咨询当地的旅游机构，或注意看当地的传单或告示。

「谈一场低碳的恋爱」

谈恋爱，真的是最好的娱乐方式，但是，有些恋爱谈得无比昂贵和奢华，好象感情非要用金钱来丈量深度。

其实，纯粹的爱情，是低碳的，是娱乐的。只要两个人在一起，地点如何，并不太计较。

出门前一个恋人的吻，成本为零，但能让双方保持一天的好心情。

闲暇的时候，相爱的人牵手出门溜达一下，不远不近。刚刚好的距离，愉快指数却很高。

低消费的快乐健身

健身，不见得都要去健身房。很多场所，都能让你享受到运动的畅快。

跳绳，单人的是自娱自乐；如果是多人玩大绳，那就是集体的快乐。

打乒乓球也不错，也许不需要去什么大的场馆，如果附近有学校，那去蹭一下学校的乒乓球台也不错。一些大型社区大多会有面对公众的开放健身区，那里的健身器材应该能满足你的要求。

2 旅游装备购置省钱大法

旅游外出，还是需要准备一些装备的，毕竟是出门在外，不如在家那么方便。你购买旅游装备是考虑实用为主，还是显摆为主，这是关系到你费用支出多少的基本出发点。另外，在购置之前，最好列个清单，哪些是最重要的，必须买的，哪些是可有可无的。

「包」

背包

这个东西是户外运动中最重要的装备了，毕竟它会在你所有的户外活动中和你保持最亲密的关系。而且，你旅行

中用到的东西，大多都装在里面。结实是第一的，另外背包最好带防雨罩和可调背负系统，防拉撕面料的。别迷信名牌，但一定要上手试下结实度，这样你能省很多钱。

小背包和腰包，帆布的，结实耐用是首选。

小背包是必备的，很多时候你并不需要让你的大包包时刻陪伴着你。另外还可准备一个腰包，放一些需要贴身保管的物品。这两样，可自己做，也可买平价的，因为不是最重要的装备，负重要求也不高。

「鞋子」

鞋子的防水性需要重点考虑。因为旅行中，靠腿走路的时间还是多的。另外，建议准备一双好穿的可以行进的拖鞋，疲惫不堪之时，解放双脚，最需要的就是拖鞋。

「衣服」

衣服不见得需要买防水的，随身带简易雨衣就好。塑料的简易雨衣还是很实用的，体积小，重量轻。与其花上千多块买件防水的冲锋衣，不如备上几个块把钱的简易雨披，还可以给包包多加一层防水保障。

「帐篷」

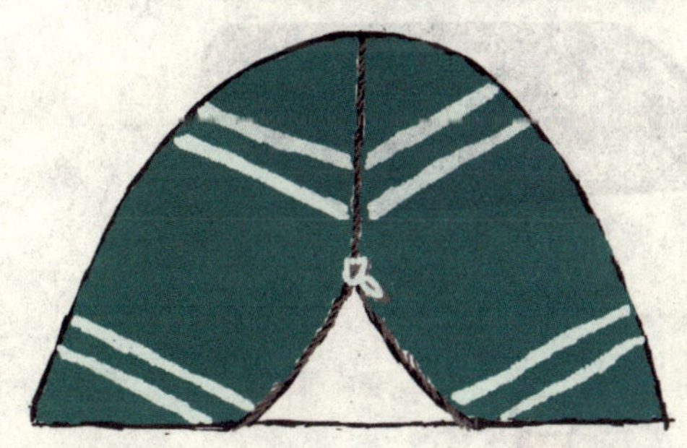

如果野外环境不是太恶劣。4人以下，在百元内的单面帐篷就够用了。防万一，驻扎的时候可在外面再蒙一层一次性桌布。虽然有点不透气，一夜下来内壁会凝结很多水气，不过相对于其便宜的价格来说这小缺点都可以忽略了。

「睡袋」

中空棉的，大约60元就能在超市里买到。如果不是去爬雪山，就用不上带羽绒的睡袋。野外气温只要10℃以上就绝对够用的了。

「防潮垫」

双人铝箔蒙面的，不超过50元。超市买的，防潮是足够了，就是单薄了点，如果露营的地方不是太平坦，那就需要买更厚实的。在帐篷中露营防潮垫还是必须的，帐篷的底部并不能隔绝所有来自地上的湿气。

建议买有一定厚度的发泡材质的防潮垫，防潮垫的作用不仅仅是防潮，它可以让你在晚上时又回到睡在床上的感觉。

「水壶」

喝完饮料后剩的耐热塑料瓶做水壶很不错，它还有一个意外的好处，它在罐满热水后不会变得像一般的铝质户外水壶那么烫。

3 开车族的无敌省钱大法

开车出行，很方便。但如果毫不节制，你会发现，你简直就受用不了这样的“钢铁老虎”。费用太昂贵了。不少人说，买得起车，但养不起，这是实话。那怎么能省钱？那就精打细算吧！

「早上加油，不要中午加油」

根据热胀冷缩原理，早上或晚上气温较低的时候可以加油多一些。早起几分钟加好油，不仅性价比高，还避免了中午加油排队之苦了。

「不要在坏天开车出门」

雨雪天，或风沙漫天的日子，风大、尘土多、热辐射强，会使汽车的各项技术性指标下降，导致油耗增大。此外，坏天气开车出门，车子容易脏，还容易出事故，真是很划不来的呢。

「换一个省钱的车险」

车险，没办法，都需要上，但是你可以选择最有利于自己的。现在竞争激烈，不少保险公司都会用优惠来吸引人。有车族需要做的是睁大眼睛多做比较，然后做好选择。

「驾校老师总结的省油方法」

●少开空调

在夏季堵车或停车等待的时候开空调是最费油的，司机朋友在低速行驶的时候最好用开窗通风来代替空调，这样可以节省不少。不过需要提醒的是，有的车主为了节油，在高速状态下也采用车窗通风的办法，这反而不可取。高速行驶时，如果打开车窗行车，就等于是在飞机后面加个降落伞，大大加强了空气阻力，还耗费了汽油。因此，在车速达到60千米 / 小时以上时，要尽量关小车窗。

●不必要的电器最好不用

车子许多电器化的配备其实很耗电，电能来自发电机，所有的电器都会让发电机负载量升高，发电机发电量要增加，就得靠引擎带动皮带来发电，当然会让引擎的油耗增加。

●循序起步最省油

要省油就得避免起步时重踩油门，重踩油门比一般正常速度起步耗油量会增加２～３倍。其实重踩油门和逐渐加速，要达到时速60千米，两种开法在时间上只差１０～２０秒，要省油就不要抢那十多秒的快感。

●保持车距不频踩刹车

如果不保持车距，你在马路上就得常踩刹车，当你踩刹车，自排车挡位会下降，车子就得再从低速挡拉上来，静止起步或低速挡起步，引擎得吃掉较高的油量。

4 背包族如何开心游天下

背包族其实是最本真的旅游者。他们不享受豪华的旅程，愿意亲身亲历。对于旅游中的每分钱都精心计算，力求用很经济的旅游费获得更多的旅行乐趣。

旅游的淡旺季，无论是景点的门票还是交通费、住宿费，都差别很大。淡季出行，是省钱的基础。

此外，旅行中的行、住、吃、购物等项目只要规划好，都可省下不少银子。

法宝1 住宿方式多样化

对于劳累的旅途中人，安静、舒适的住宿休息环境十分重要。有些背包族选择在火车上度过夜晚，车费住宿费合一，也是一种选择。

星级酒店的住宿条件自然上乘，但要想省钱，就不能一味追“星”，而应从实用的角度考虑。选择干净、安全的青年旅舍，或者家庭旅馆，能让你的住宿费省下不少。

青年旅舍一般以床位论价，国内一个床位大概只要30~50元/天，而国外也只是50~60元/天，大约为三星级酒店单人房价的十分之一左右。在这里，你还能够遇到与你有着相似境况的其他旅游者。大家会有交流，你会增加旅游的知识和经验。

或许很多人会觉得青年旅舍简陋，其实不然。国际上对青年旅舍的设施设备有起码的标准：如旅舍要位于市中心或者中心商业区、旅游景区或度假区；旅舍以4~8个床位的房间为主；房间使用上下两层的大床，每床配一个带锁的个人木柜等等。交通便利，国际化的服务，因此你不必有吃苦的准备。

住家庭旅馆的话，不但节省钱，还能了解一些鲜为人知的民俗。千万记得和老板讨价还价，往往会有意想不到的收获。说不定能解决早餐。

在选择旅馆时，要尽可能避免入住在火车站、汽车站旁边的旅馆，可选择一些交通较方便，处于不太繁华地域的旅馆。因为这些旅馆在价位上比火车站、汽车站旁边的旅馆要便宜得多，而且这些地段的旅馆还可打折、优惠。如今城市出租车发展快，住远一点没关系。

如果是早上到，不要马上去找住宿，因为这时候很多房间可能还没退房，而且背着包去不好还价，可以先把包寄存在火车站，先去玩，边玩边留意有没有合适的宾馆，黄昏时候再去看房，还价。而且这个时候如果还没有人住，可以以较低的价格住下。

此外，在网上通过订房网站订房，折扣可观。而很多酒店都有无窗房间提供，无窗房常常比标准间低近三分之二的费用，真的很值。此房间适合日出夜归，行程比较满的游客。

法宝2 利用时间差 机票提前订

民航运输从每年的8月底开始进入了销售淡季，热门旅游城市的机票都打出了至少5~8折的折扣，而10人以上的团体票折扣更低。

除了在代售点买机票，你也可以在网站上购买，比如航空公司网站。每个航空公司都有一个预售系统，按照一定比例分时段发售折扣机票。一般来讲，订票时间越早，价格越便宜。一般提前45~15天订票是最优惠的，越是临近起飞当天，价格越高。不少航空公司为了鼓励旅客网上订票，均免除订票手续费，可以得到网上独有的优惠价，还能获得线上订票优惠券或者免费行李票。

当直达城市的机票价格过高时（8折以上），可考虑比邻城市作为中转，费用将节省20%。比如去北京，在天津中转；或者去深圳，在广州停靠。低得多的价格，加上城市间便捷、快速的交通，也是消费者省“冤枉钱”可以考虑的方法。

法宝3 平民美食全掌握

品尝各地美食是旅游中的享受之一，每到一地，可以找当地人打听

去哪里吃特色小吃。名声在外的馆子一般都不便宜，没必要去凑那个热闹。

一般来说，在旅游区内用餐要多花费，因此要尽量到景区外下馆子。比如在到达确定的旅游景点前，可选择离景点几公里的小镇或郊区住下，然后选择当地有特色的小吃用餐。

在旅游中，早餐一定要吃饱吃好，午餐如果在景区内，最好有准备地自己带些面包、火腿、纯净水等方便食品，既省时又省钱。在景区外食宿一般可以节省40%的费用。

法宝4 巧用各种卡换取优惠

如今，大家的钱包都被各种各样的卡占据了空间，在刷卡消费的同时，还有刷卡积分的优惠。积分越高，可以兑换的奖品也越丰厚。对于经常出外的驴友而言，在淡季利用积分优惠兑换机票，乃至酒店房间，都是省心又省钱的选择。

此外，现在各大银行推出的航空联名卡不下十几种，要省钱，就要挑选一张兑换条件最丰厚的卡。另一个秘诀是，要常常参与发卡行推出的促销活动，让里程快快增长。

法宝5 购物要睁大眼睛

●不要在有旅行团在场的情况下购物。那样会被当成“羔羊”来宰。

●即使感觉物价便宜，在消费时也不要说“这东西真便宜”，否则你在消费其他东西的时候，会得到更贵的价格。

●从富裕地区来的游客，购物时不要说自己的来源地区。因为旅游商贩往往会按照你来自的地区的富裕程度来开价。

●在预订车票的地方可以拿到免费的时刻票，还可以在星级酒店拿到免费的地图（虽然简略点），可以省下买地图的钱。

●最好自己带个比较小的水杯，这样就能省去买饮料、矿泉水的钱了。喝完了，可以在吃饭的地方要点开水，装满。候车室一般都有免费的开水，也可以在这里用自己的杯子打水。

●如果是学生，一定要带学生证，很多景点有学生票，可以省一大笔钱。

●随身带全国通用的IC卡，打电话方便，避免被手机高额的漫游费榨掉银子。

●出发前多在网上看看攻略，有些详细的攻略会把各处消费的价格一一列出，这样就不怕挨宰了。